BEI GRIN MACHT SICH IHR WISSEN BEZAHLT

- Wir veröffentlichen Ihre Hausarbeit, Bachelor- und Masterarbeit

- Ihr eigenes eBook und Buch - weltweit in allen wichtigen Shops

- Verdienen Sie an jedem Verkauf

Jetzt bei www.GRIN.com hochladen und kostenlos publizieren

Bibliografische Information der Deutschen Nationalbibliothek:

Die Deutsche Bibliothek verzeichnet diese Publikation in der Deutschen Nationalbibliografie; detaillierte bibliografische Daten sind im Internet über http://dnb.d-nb.de/ abrufbar.

Dieses Werk sowie alle darin enthaltenen einzelnen Beiträge und Abbildungen sind urheberrechtlich geschützt. Jede Verwertung, die nicht ausdrücklich vom Urheberrechtsschutz zugelassen ist, bedarf der vorherigen Zustimmung des Verlages. Das gilt insbesondere für Vervielfältigungen, Bearbeitungen, Übersetzungen, Mikroverfilmungen, Auswertungen durch Datenbanken und für die Einspeicherung und Verarbeitung in elektronische Systeme. Alle Rechte, auch die des auszugsweisen Nachdrucks, der fotomechanischen Wiedergabe (einschließlich Mikrokopie) sowie der Auswertung durch Datenbanken oder ähnliche Einrichtungen, vorbehalten.

Impressum:

Copyright © 2015 GRIN Verlag, Open Publishing GmbH
Druck und Bindung: Books on Demand GmbH, Norderstedt Germany
ISBN: 978-3-668-23825-1

Dieses Buch bei GRIN:

http://www.grin.com/de/e-book/324102/der-natuerliche-kalkkreislauf-sachanalyse-und-schulbuchvergleich

Christoph Höveler

Der natürliche Kalkkreislauf. Sachanalyse und Schulbuchvergleich

GRIN Verlag

GRIN - Your knowledge has value

Der GRIN Verlag publiziert seit 1998 wissenschaftliche Arbeiten von Studenten, Hochschullehrern und anderen Akademikern als eBook und gedrucktes Buch. Die Verlagswebsite www.grin.com ist die ideale Plattform zur Veröffentlichung von Hausarbeiten, Abschlussarbeiten, wissenschaftlichen Aufsätzen, Dissertationen und Fachbüchern.

Besuchen Sie uns im Internet:

http://www.grin.com/

http://www.facebook.com/grincom

http://www.twitter.com/grin_com

Ziele und Inhalte des naturwissenschaftlichen Unterrichts HRGe/ Fachspezifische Arbeitsweisen HRGe

Der natürliche Kalkkreislauf

Korallen und Co

Christoph Höveler

Inhaltsverzeichnis

Sachanalyse 2
Schulbuchvergleich 5
Unterrichtsentwurf 11
Literaturliste 12

Sachanalyse

Der natürliche Kalkkreislauf beschreibt den Auf- und Abbau von Kalk in der Natur, welcher jedoch durch den Menschen stark beeinflusst wird.

Als Kalkstein bezeichnet der Chemiker festes Calciumcarbonat (CaCO₃). Doch auch Kreide und Marmor zählt zu den Calciumcarbonaten. Kalkstein bildete sich während der Kreidezeit vor ungefähr 135 Millionen Jahren durch einfachen Niederschlag, als die Löslichkeit im Meer überschritten wurde.

$$Ca^{2+}(aq) + 2\ HCO_3^-(aq) \rightleftharpoons CaCO_3(s) + CO_2(g) + H_2O(l)$$

Kreide entstand aus den Kalkskeletten unzähliger Meeresorganismen. Marmor durch das Einwirken von Hitze und Druck auf ebensolche Kalkablagerungen am Meeresboden.

Calciumcarbonate liegen in verschiedenen Kristallmodifikationen vor. Calcit ist besonders häufig, ebenso wie Aragonit und Vaterit. Letzteres ist ein künstliches Syntheseprodukt der Chemie.

Eine typische Reaktion dieser Carbonate ist ihre säurebedingte Zersetzung, welche in der Natur gut zu beobachten ist. [1] In der Erdatmosphäre herrscht ein $CO_2(g)$ Gehalt von 0,039 %[2]. Dieses Kohlenstoffdioxid kann mit dem Regenwasser wie folgt reagieren:

$$CO_2(g) + H_2O(l) \rightleftharpoons H_2CO_3(aq)$$

Obwohl weniger als 1 % des Kohlenstoffdioxids so reagiert, beträgt der pH-Wert von Regen ca. 5,6. Die Kohlensäure ist eine schwache, zweiprotonige Säure deren Ionisierungsgleichgewicht sich wie folgt darstellen lässt:

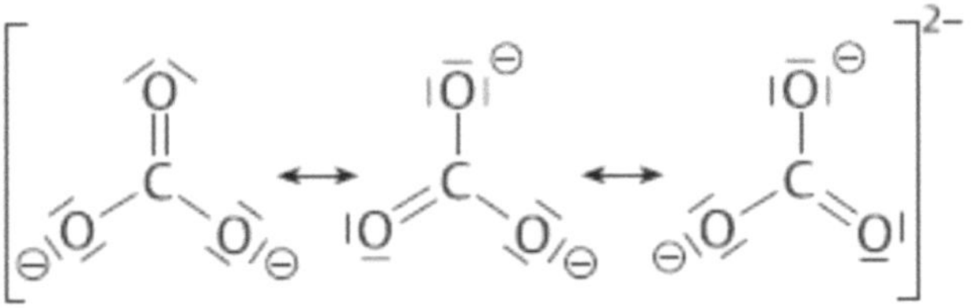

Abbildung 1 Ionisierungsgleichgewicht der Kohlensäure [3]

---

[1] Binnewies, vgl. S. 376 - 380
[2] Mortimer, Seite 415
[3] Mortimer, Seite 466

Dieses Reaktionsverhalten von CO_2 (g) lässt sich mithilfe von Experimenten nachweisen. Die Kalkwasserprobe ist eine zuverlässige und einfache Möglichkeit, das Vorhandensein dieses Gases nachzuweisen. Kalkwasser ist in Wasser gelöstest Calciumhydroxid ($Ca(OH)_2$). Dieses ist nur schwer löslich (höchstens 0,16g in 100g Wasser). Überschüssiges Calciumhydroxid bildet mit dem Wasser eine Suspension. Es trübt als weißer, fein verteilter Feststoff die Lösung. Ein solches Gemisch wird Kalkmilch bezeichnet. Kalkwasser erhält man durch das Abfiltrieren. Es handelt sich somit um eine abgesättigte Lösung. Beim Einleiten von Kohlenstoffdioxidgas entsteht eine Trübung durch ausfallendes Calciumcarbonat.[4]

$$Ca(OH)_2 \, (aq) + CO_2 \, (g) \rightarrow CaCO_3 \, (s) + H_2O \, (l)$$

Auch die Änderung des pH-Wertes durch das Lösen von Kohlenstoffdioxidgas kann experimentell sichtbar gemacht werden. Hierzu wird ein Universalindikator in ein Becherglas mit Wasser gegeben. Um einen deutlichen Umschlag beobachten zu können wird die Lösung mit konzentrierter Natronlauge versetzt. Der Indikator färbt sich bei einem pH-Wert von ca. 12 dunkelblau. Wird nun über einen Strohhalm die Atemluft in die Lösung geblasen, oder ein kleines Stück Trockeneis hineingegeben, lässt sich der Farbumschlag des Indikators von blau über grün zu gelb/orange deutlich beobachten. Es wird ein Wert von ca. 5 erreicht, welcher durch die Bildung von Kohlensäure bedingt ist.

Die erste Säurekonstante der Kohlensäure liegt bei pK_1= 3,88.

$$H_2CO_3 \, (aq) + H_2O \, (l) \rightleftharpoons HCO_3^- \, (aq) + H_3O^+ \, (aq)$$

Hiernach wäre die Kohlensäure eine mittelstarke Säure. Da jedoch nur ein Bruchteil des gelösten Kohlenstoffdioxids als Säure vorliegt formuliert man eine scheinbare Dissoziationskonstante, die um den Faktor 1000 kleiner ist. Das hydratisierte Gas wird hier also nicht mehr beachtet. Dieser pK_1-Wert beträgt 6,35 und beschreibt praktisch eine schwache Säure. Die zweite Dissozationskonstante beträgt pK_2 = 10,33.[5]

$$HCO_3^- \, (aq) + H_2O \, (l) \rightleftharpoons CO_3^{2-} \, (aq) + H_3O^+ \, (aq)$$

Trifft nun das kohlensäurehaltige Regenwasser auf Kalkstein, zum Beispiel eines Kalkgebirges, reagiert dieses zu wasserlöslichem Calciumhydrogencarbonat.

---

[4] Tausch, S1, Seite 109
[5] http://www.chemieunterricht.de/dc2/mwg/g-co2h2o.htm

$$H_2CO_3\,(aq) + CaCO_3\,(s) \rightleftharpoons Ca(HCO_3)_2\,(aq)$$

Bei Temperaturerhöhung, bei Verdunstung oder mit Hilfe von Algen kann aus dem calciumhydrogencarbonathaltigen Wasser wieder fester Kalk entstehen, wobei Wasser und Kohlenstoffdioxid als Nebenprodukte entstehen.

$$CaCO_3\,(s) + H_2O\,(l) + CO_2\,(g) \rightleftharpoons Ca^{2+}\,(aq) + 2\,HCO_3^-\,(aq)$$

Die angesprochene Verdunstung und dadurch bedingte Ausbildung von Kalk lässt sich an Tropfsteinhöhlen beobachten. Regenwasser dringt durch das Gebirge in den Felsen ein und wäscht eine Höhle aus. Der stetige Wasserfluss ist stark gesättigt. Verdunstet an der Stalagmitenoberfläche etwas Wasser, so erhöht sich die Konzentration dieser Lösung. Ist sie gesättigt, bildet sich fester Kalk. Der Stalagmit wächst.

Die algenbedingte Bildung von Kalk ist bei Korallen zu finden. Steinkorallen bilden große Riffe im Meer. An ihrem Fuß scheiden sie Aragonit aus, eine besondere Form von Kalk. Um sich selbst vor dem säurebedingten Zerfall zu schützen gehen diese Korallen eine Symbiose mit einzelligen Algen ein, welche das im Wasser gelöste CO_2 mittels Photosynthese umwandeln. Dieser Prozess greift in das Kohlenstoffdioxid-Kohlensäure-Gleichgewicht ein, indem das Edukt entfernt wird. Dies begünstigt die Rückreaktion, sodass der pH-Wert in der Umgebung steigt und damit die Koralle und den Kalk schützt.

Schulbuchvergleich

Im Folgenden wird „Interaktiv Chemie, Natur und Technik 2" von Cornelsen (2009) für die Realschulen in NRW und „Chemie 2000+ Sekundarstufe 1" aus dem C.C. Buchner Verlag (2010) in Bezug auf obiges Thema miteinander verglichen.

In „Interaktiv Chemie" werden Themen ausschließlich auf Doppelseiten behandelt. Jede Seite beginnt mit einem orange hinterlegten Kasten, in dem ein Alltagsphänomen mit Bilder und einem kurzen Text dargestellt wird. Dann folgt unter diesem Kasten der grün unterlegte Bereich „ Beobachten Untersuchen Experimentieren". Hier werden zwischen einem und fünf Versuche angeboten. Es wurde darauf geachtet, möglichst solche zu wählen, die von den SuS selbstständig durchgeführt werden können. Es gibt sogar eine extra Kennzeichnung für Versuche die „zu Hause" durchgeführt werden können, sowie einen Hinweis, falls dieser Versuch nur von der Lehrperson ausgeführt werden darf. Diese beiden Kategorien füllen meist die linke Seite. Auf der rechten Seite werden nun die chemischen Grundlagen mittels eines Text, Bildern oder Skizzen erläutert. Wichtige Aussagen sind blau hervorgehoben. Dies umfasst oft nur die Hälfte der Seite. Am Ende eines Kapitels gibt es eine Zusammenfassung. Neben diesem Text gibt es Aufgaben mit denen die SuS ihre Kenntnisse erweitern oder vertiefen können. Am Ende eines jeden Kapitels folgt ein „Teste dich!"-Teil mit dem der aktuelle Lernstand eingeschätzt werden kann. So wie auf einen alltagsnahen Einstieg geachtet wird, so wird auch auf ein Anwenden des neu erworbenen Wissens geachtet. So gibt es mit Lila gekennzeichnete „Interessantes" Kästen, die weiterführende Informationen, die mit Chemie, aber auch mit Alltag, Technik oder Umwelt zu tun haben. Zusätzlich gibt es quer durch Buch immer wieder ein kleines CD-Symbol, welches auf das Medien-Angebot auf der beiliegenden CD hinweist. Zusätzlich zu diesem Grundschema, welches natürlich nicht streng eingehalten wird, gibt es Felder zur „Methode". Hier geht es nicht so sehr um Sachwissen, sondern darum, wie man naturwissenschaftlich arbeitet oder wie man am besten lernt. Auch Seiten mit der Überschrift „Ausblick" findet man im Buch, sie bieten die Möglichkeit sich über interessante Themen zu informieren, zum Beispiel über die Umwelt, Natur, Gesundheit, Technik oder Forschung. Auch eine eigenständige Seite haben die „Projekte" erhalten. Auf diesen Seiten finden sich viele Anregungen zum selbständigen Planen, Durchführen und Präsentieren von Projekten.

Den natürlichen Kalkkreislauf findet man im Themenbereich „Salze – mehr als nur Kochsalz". Hier werden die Ionenbildung und die Ionenbindung, die Eigenschaften von Salzen, das Ionengitter und die chemische Symbolsprache behandelt. Im Bereich der Carbonate wird sowohl der technische, als auch der natürliche Kalkkreislauf behandelt. Die diesbezügliche Doppelseite ist nach dem oben erwähnten Muster aufgebaut. Als Einstieg dienen alltagsnahe Bezüge wie eine Tropfsteinhöhle oder ein verkalkter Wasserhahn. Auf deren Gemeinsamkeit, die Carbonate, wird direkt in dem Einführungstext Bezug genommen. Es folgen mögliche Experimente zum Thema. Diese beziehen sich eher auf den technischen Kalkkreislauf, der auch mittels Skizze dargestellt ist.

Immer wieder Carbonate

Was haben eine Tropfsteinhöhle, eine Brausetablette, ein verkalkter Wasserhahn und ein Brötchen gemeinsam? Sie haben alle mit Carbonaten zu tun ...

1–4 Stoffe, die mit Carbonaten zu tun haben

Beobachten Untersuchen *Experimentieren*

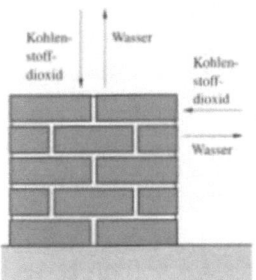

5 Das Abbinden von Löschkalk ist ein Teil des Kalkkreislaufs.

6 Der Kalkkreislauf

1. **Besteht Kalk aus Ionen?**
Gib destilliertes Wasser in ein Becherglas und miss die Leitfähigkeit. Rühre dann Kalk (Calciumcarbonat) in kleinen Portionen in das Wasser ein und beobachte die Leitfähigkeit.

2. **Kohlenstoffdioxid aus Backpulver?**
Gib einen Spatel Backpulver in ein Reagenzglas. Füge dann 5 ml Wasser hinzu und leite das gasförmige Reaktionsprodukt in ein Reagenzglas mit Kalkwasser ein.

3. **Brennen von Kalk**
Gib einen Spatel Kalk (Calciumcarbonat) in ein Reagenzglas. Erhitze das Reagenzglas mit nicht leuchtender Brennerflamme. Leite das gasförmige Reaktionsprodukt in Kalkwasser ein.

4. **Löschen von Branntkalk**
Nimm das erkaltete Reagenzglas mit dem Rückstand [Xi] aus Versuch 3. Stelle ein Thermometer hinein und notiere die Temperatur. Gib 2 ml Wasser hinzu. Notiere wieder die Temperatur.

5. **Abbinden von Löschkalk**
Vermische 1 g Löschkalk (Calciumhydroxid [Xi]) mit 3 g Sand und 3 ml Wasser. Lass eine Hälfte davon einige Tage in einem mit Kohlenstoffdioxid gefüllten Einmachglas stehen. Die andere Hälfte bleibt an der Luft stehen. Beschreibe deine Beobachtung.

Abbildung 2 Aus "Interaktiv Chemie", linke Seite zum Thema Carbonate

Immer wieder Carbonate

GRUNDLAGEN: Carbonate im Alltag. In Brausetabletten und Backpulver werden *Natriumcarbonat* und *Natriumhydrogencarbonat* als Ausgangsstoff für die Entstehung des Gases Kohlenstoffdioxid eingesetzt. In der Brause sorgt dieses Gas für den erfrischend prickelnden Geschmack. Backwaren wären ohne das beim Backvorgang entstehende Kohlenstoffdioxid hart wie ein Stein.

Carbonate in der Natur. Auch die Natur „bedient" sich bei ihren Bauten der Besonderheiten von Carbonaten. Gebirgszüge wie die Schwäbische Alb bestehen aus *Kalk* bzw. *Kalkstein*. Hauptbestandteil des Kalksteins ist das schwer wasserlösliche *Calciumcarbonat*.
Auch bei der Entstehung von Tropfsteinhöhlen spielt dieses Carbonat eine entscheidende Rolle. Regentropfen nehmen in der Luft Kohlenstoffdioxid auf. Trifft diese Lösung auf Kalkstein, so findet die folgende Reaktion statt:
Calciumcarbonat + Wasser + Kohlenstoffdioxid
→ Calciumhydrogencarbonat
Es bildet sich gut wasserlösliches *Calciumhydrogencarbonat*, das mit dem Regenwasser ausgewaschen wird. Der Kalkstein löst sich auf.
Verdunstet dann an einer anderen Stelle, z. B. in einer Höhle, das Wasser der Calciumhydrogencarbonatlösung, findet der umgekehrte Vorgang statt: Kohlenstoffdioxid entweicht und zurück bleibt festes Calciumcarbonat, das im Lauf von Tausenden von Jahren die typischen Tropfsteingebilde formt.

Es gibt zahlreiche Salze, die Carbonat- oder Hydrogencarbonat-Ionen enthalten. Aus diesen Ionen kann Kohlenstoffdioxid freigesetzt werden.

Aufgaben

1 Informiere dich in einer Bäckerei, welche Alternativen es zum Einsatz von Backpulver gibt.
2 Kalkmörtel, Zement und Beton sind unterschiedliche Baustoffe auf Carbonatbasis. Informiere dich in einem Baumarkt über die Unterschiede.
3 Formuliere die Wortgleichung für das Abbinden von Löschkalk. Nimm Bild 5 zu Hilfe.
4 Beschreibe die in Bild 7 dargestellten Vorgänge mit eigenen Worten.
5 Formuliere die Wortgleichung für die Bildung von Calciumcarbonat in einer Tropfsteinhöhle. Nimm dafür den Grundlagentext zu Hilfe.
6 „Kalkkrusten am Wasserhahn sind beginnende Tropfsteine – wie in der Höhle." Stimmt diese Behauptung?

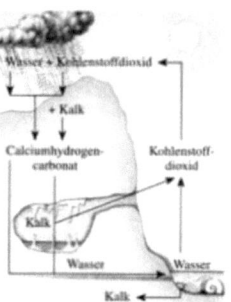

7 Kalkkreislauf in der Natur

Interessantes

In den Alpen oder in der Schwäbischen Alb findest du herrliche Versteinerungen: Reste von Lebewesen, die vor vielen Millionen Jahren lebten. Hast du auch einen Ammoniten auf deinem Schreibtisch liegen? Ammoniten sind keine Schnecken, sondern gehören zu den Tintenfischen.
Diese Tiere schützten sich mit Kalkschalen, so wie es heute noch Muscheln und Seeigel tun. Als die Tiere abstarben, blieb oftmals ihre Schale erhalten und wurde in den Bodenschlamm des Meeres eingebettet. Im Lauf von Jahrmillionen verfestigte sich das Ganze zu Gestein. Die Tierreste wurden zu „Fossilien".

8 Ammonit

Abbildung 3 Aus "Interaktiv Chemie", rechte Seite zum Thema Carbonate

Auf der rechten Seite finden wir einen Sachtext. Dieser erklärt die zuvor angesprochene Beispiele für Carbonate. Der natürliche Kalkkreislauf wird in einem extra Abschnitt ausführlich erklärt. Sowohl Wort-Reaktionsgleichungen, eine Skizze des Kreislaufes als auch die Entstehung von Tropfsteinhöhlen werden behandelt. Es folgen mögliche Aufgaben, welche einerseits zum weiterforschen anregen, aber auch solche, welche die Informationen des Textes auf den technischen Kreislauf beziehen, um so eine Transfer-Leistung zu fordern. Es findet sich auch ein Abschnitt „Interessantes" der die Entstehung von Fossilien erläutert.

Auf den Seiten „Überblick" und „Teste dich!" findet sich kein Verweis auf diese Doppelseite. Hier geht es explizit um das Fachwissen. Wie sind Salze aufgebaut, Ionenbindung, Ionengitter und die damit verbundenen Eigenschaften von Salzen sollen verstanden worden sein.

Das Buch „Chemie 2000+" ist ähnlich aufgebaut wie das eben besprochene. Auch hier wird mit Doppelseiten gearbeitet. Es gibt einen äußerst kurzen Einstiegstext mit Bildern, darunter mögliche Versuche und Auswertungs-Vorschläge. Versuche, die nur von der Lehrkraft durchgeführt werden dürfen, sind anstatt mit „V" mit „LV" gekennzeichnet. Der Aspekt des Experimentierens ist hier mehr gewichtet worden. Es gibt mehr Versuche und die Versuchsanleitungen sind länger beschrieben. Aufgaben zu den Versuchen gab es im ersten Buch zwar auch, aber weniger und bezogen sich nicht stets auf die Versuche.

Die rechte Seite wird auch in „Chemie 2000+" mit einem Sachtext eingeleitet, der meist länger ausfällt. Hier werden keine Merksätze markiert, sondern wichtige Wörter sind im Text fett gedruckt. An den Seiten befinden sich ergänzenden Schaubilder. Unter dem Text finden sich Aufgaben. Die wichtigen Fachbegriffe dieser Seiten werden unten rechts aufgelistet. Auch in diesem Buch gibt es „M+"-Seiten, auf denen weitere Methoden angeboten werden, um den Kompetenzerwerb zu unterstützen. Regelmäßig trifft man auf „Training"-Seiten. Diese sind voll mit Aufgaben und Abbildungen. Diese sollen gezielt ein „Kompetenztraining" darstellen und fördern den Umgang mit „Kompetenzoperatoren". Zum Ende eines Kapitels findet man das „Grundwissen" zusammengefasst. Eine CD liegt diesem Buch nicht bei. Es wird hingegen auf das Internetportal verwiesen, wo sich zahlreiche interaktive Medien finden.

Kalk wird in diesem Buch in Kapitel „Säuren und alkalische Lösungen" angesprochen. Das Entstehen von Kalk in Küchengeräten und deren Entfernung ist auf einer „M+" Seite Thema einer „Station". Gelöste Calcium-Ionen reagieren mit Hydrogencarbonat-Ionen zu Calciumcarbonat heißt es hier, sowie die entsprechende Reaktionsgleichung (Symbolsprache mit Aggregatzustand) ist zu finden. Essig helfe beim Beseitigen. Woher die Hydrogencarbonat-Ionen kommen, und ob man diesen Effekt auch in der Natur wiederfindet bleibt unerwähnt. Man bekommt den Eindruck, es handelt sich um ein technisch bedingtes Phänomen.

Station 4 Essigsäure in Küche und Bad

B3 *Verkalkte Geräte. A: Beschreibe die Probleme, die verkalkte Geräte verursachen.*

Chemisch reines Wasser wäre für unsere Ernährung untauglich. Die im Trinkwasser gelösten Salze sind lebenswichtige Mineralstoffe, die dem Körper zugeführt werden müssen. Sie verursachen aber auch die Härte des Wassers.
Diese zeigt sich, wenn an heißen Teilen wie am Warmwasserhahn oder am Tauchsieder allmählich Calciumcarbonat (Kalkstein) ansetzt. Hierbei reagieren gelöste Calcium-Ionen mit Hydrogencarbonat-Ionen zu Calciumcarbonat:

$Ca^{2+}(aq) + 2HCO_3^-(aq) \longrightarrow CaCO_3(s) + CO_2(g) + H_2O(l)$.

Ein bewährtes Haushaltsmittel zur Entfernung dieser Kalkablagerungen ist Essig.
V1 Übergieße in einem Rggl. etwas Calciumcarbonat mit Essig (verdünnte Essigsäure-Lösung), leite das entstehende Gas in Kalkwasser ein und notiere deine Beobachtungen.

A1 Die hydratisierten Wasserstoff-Ionen der Essigsäure-Lösung reagieren mit den Carbonat-Ionen zu Wasser- und Kohlenstoffdioxid-Molekülen, die Calcium-Ionen gehen in Lösung:
$2H^+(aq) + CaCO_3(s) \longrightarrow H_2O(l) + CO_2(g) + Ca^{2+}(aq)$.
Erkläre anhand der Reaktionsgleichung deine Beobachtungen.
A2 Erkläre, warum man Kalkablagerungen in der Kaffeemaschine z.B. mit Essig entfernen kann. Nenne den Vorteil beim Einsatz von Citronensäure.
A3 Waschbecken, auf denen durch verdunstete Wassertropfen Kalk abgelagert ist, darf man mit Essig reinigen, Marmorböden hingegen auf keinen Fall. Erkläre diesen Unterschied.

Abbildung 4 Aus "Chemie 2000+", eine Station zum Thema Kalk

Eine Seite, drei Stationen weiter, wird ähnliches, in noch knapperer Form thematisiert. Hier sollen die SuS einen Versuch planen, das Modell einer verkalkten Kaffeemaschine zu entkalken. Eine weitere Station weiter findet sich der technische Kalkkreislauf erläutert. Der Text hierzu ist kurz gehalten, ergänzt wird er durch eine Skizze wie auch im zuvor besprochen Buch. Im Unterschied finden sich hier jedoch sowohl die chemische Bezeichnung, als auch deren Summenformel. Auch die Standardenthalpiedifferenz zwischen den verschiedenen Formen wird angegeben. Diese genaueren Angaben lassen sich auf den verschiedenen Lernstand der SuS zurückführen, bei dem das Thema Kalk angesprochen wird. Salze werden eher zu Beginn der zweiten Progressionsstufe, Säuren und Laugen im zweiten Drittel ebendieser besprochen.

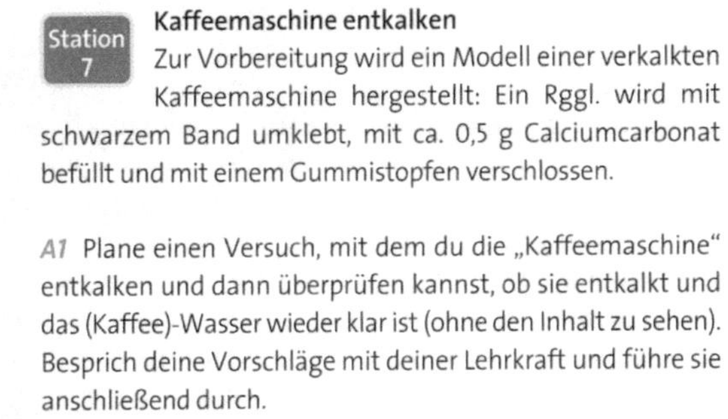

Station 7 — Kaffeemaschine entkalken

Zur Vorbereitung wird ein Modell einer verkalkten Kaffeemaschine hergestellt: Ein Rggl. wird mit schwarzem Band umklebt, mit ca. 0,5 g Calciumcarbonat befüllt und mit einem Gummistopfen verschlossen.

A1 Plane einen Versuch, mit dem du die „Kaffeemaschine" entkalken und dann überprüfen kannst, ob sie entkalkt und das (Kaffee)-Wasser wieder klar ist (ohne den Inhalt zu sehen). Besprich deine Vorschläge mit deiner Lehrkraft und führe sie anschließend durch.

Abbildung 5 Aus "Chemie 2000+", eine Station zum Thema Kalk

Station 9 — Technischer Kalkkreislauf

Kalkstein (Calciumcarbonat) $CaCO_3$ wird durch Säuren oder starkes Erhitzen zersetzt. Im technischen Kalkkreislauf wird daraus in Drehöfen bei ca. 1000 °C gebrannter Kalk CaO erzeugt, der auf der Baustelle mit Wasser gemischt wird. Dabei entsteht weißer, breiiger Löschkalk $Ca(OH)_2$, der mit Sand zu Mörtel angerührt wird. Durch Abbinden an der Luft entsteht wieder fester Kalk $CaCO_3$.

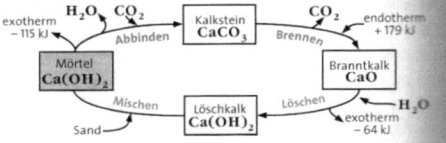

B3 Technischer Kalkkreislauf. A: Rechne die Energiebilanz des Kreislaufs aus und begründe, warum hier dennoch wertvolle Energie in wertlose Energie umgewandelt wird.

Abbildung 6 Aus "Chemie 2000+", eine Station zum Thema Kalk

Den natürlichen Kalkkreislauf findet man in diesem Buch nicht. Lediglich im Band für die Sekundarstufe 2, findet man im Kapitel „Stoffkreisläufe", auf einer Seite zur „Erweiterung-Vertiefung-Anwendung" die Tropfsteinhöhle. Hier wird auf den interaktiven Inhalt der Interseite verwiesen, wo einem ein Rundgang durch eine Tropfsteinhöhle geboten wird. Im Anschluss an diesen wird der natürliche Kreislauf ausführlich erklärt. Leider ist diese Flashanimation aus dem Jahr 2000, sodass sie etwas altmodisch daherkommt.

Insgesamt betrachtet wirkt „Interaktiv Chemie" übersichtlicher und strukturierter. Die verschiedenen Bereiche sind farblich voneinander abgegrenzt und die Seiten wirken nicht überladen. Die Experimente und Aufgaben sind leicht verständlich. Die Texte sind nicht allzu lang und weisen viele Absätze auf. Die hervorgehobenen Merksätze bieten einen schnellen Überblick über den Inhalt dieser Seite. Das Fachwissen ist entsprechend dem Lernstand reduziert. Jedoch kommt der Gebrauch von chemischen Formeln etwas zu kurz. Oftmals gibt es nur Wortgleichungen, in denen der Aggregatzustand fehlt. Dies wird im „Chemie 2000+" konsequent umgesetzt. Im direkten Vergleich kommt der alltagsnahe Einstieg hier zu kurz, die Texte wirken zu lang und so manche Versuchsanweisung ist schwer verständlich. Es wurde darauf geachtet, zahlreiche Bilder zum besseren Verständnis einzubringen, diese überladen auf der einen oder anderen Seite das ganze jedoch. Inhaltlich ist „Chemie 2000+" anspruchsvoller. Die Experimente sind schwieriger, die Aufgaben zahlreicher. Es ist zu erkennen, dass dieses Buch für den allgemeinen Einsatz in der Sekundarstufe 1 vorgesehen ist, wohingegen „Interaktiv Chemie" explizit für die Realschule entwickelt worden ist. Beide Bücher orientieren sich zwar an den Inhaltsfeldern des Kernlehrplans, übernehmen aber nicht streng deren Kapitel Einteilungen. Hier wünscht man sich mehr Nähe, um sich schneller zu Recht zu finden.

Unterrichtsentwurf

Über den verkalkten Wasserhahn oder den Wasserkocher schafft man einen alltagsnahen Einstieg in das Thema Carbonate. Wir befinden uns demnach im Inhaltsfeld 6, Säuren, Basen, Salze der zweiten Progressionsstufe. Als Experiment könnte man ein bisschen Kalk im Reagenzglas mit Essig auflösen. Nebendiesem führt man die Kalkwasserprobe mit der Atemluft durch. Nach dem positiven Nachweis für Kohlenstoffdioxid wird der Versuch noch so lange durchgeführt, bis die Trübung langsam etwas nachlässt. Über den „Sauren Regen", das kohlensäurehaltigen Mineralwassers und die Zusammensetzung der Ausatemluft soll auf Reaktion von Kohlenstoffdioxidgas mit Wasser zur Kohlensäure eingegangen werden. Im Anschluss kann thematisiert werden, was im Kalkwasser entstanden ist, und wie dies miteinander reagiert hat. Hierbei sollte auf ein Frage-Entwickelndes-Konzept verzichtet werden. Stattdessen wäre es besser zu fragen, wie die Bedingungen des Experiments verändert werden können, um herauszufinden, also empirisch zu erfahren, was vor sich ging. Auf diese Art und Weise benutzen wir das Experiment nicht nur als kurzen Spannungs-Input, sondern arbeiten mit diesem weiter und es wird spielerisch versucht, eigene Erfahrungen zu machen. Von einer vorschnellen Hypothesenbildung ist abzusehen, da so die Aufmerksamkeit sofort vom Experiment auf die introspektive der SuS verschoben wird. Um das Thema anschließend anwendungsbezogen vertiefen zu können, bietet sich der natürliche Kalkkreislauf, implizit die Entstehung von Tropfsteinhöhlen an. Ziel ist es, dass die SuS den natürlichen Kalkkreislauf verstehen und wiedergeben können, sowie wissen, dass man aus zahlreichen Salze, die Carbonat- oder Hydrogencarbonat-Ionen enthalten, Kohlenstoffdioxid freisetzen kann.

Literaturliste

Bücher

Tausch, von Wachtendonk: Chemie 2000+, Sekundarstufe 1, C.C. Buchner Verlag, Bamberg 2010

Tausch, von Wachtendonk: Chemie 2000+, Sekundarstufe 2, C.C. Buchner Verlag, Bamberg 2007

Interaktiv Chemie, Natur und Technik 2, Realschule NRW, Cornelsen Verlag, 2009

Charles E. Mortimer, Chemie, 10. Auflage, Thieme-Verlag

Micheal Binnewies, Allgemeine und Anorganische Chemie, 2. Auflage, Spektrum 2011

Internetquellen

Kernlernplan NRW Realschule von 2012

http://www.chemieunterricht.de/dc2/mwg/g-co2h2o.htm, Zugriff am 04.02.2015

BEI GRIN MACHT SICH IHR WISSEN BEZAHLT

- Wir veröffentlichen Ihre Hausarbeit, Bachelor- und Masterarbeit

- Ihr eigenes eBook und Buch - weltweit in allen wichtigen Shops

- Verdienen Sie an jedem Verkauf

Jetzt bei www.GRIN.com hochladen und kostenlos publizieren